U0167858

这是一本与众不同的自然观察游戏书。

一直以来，人类就害怕某些动物，这些动物有的是真实存在的，有的则是人们想象出来的。不同的地区或国家有着不同的历史或信仰，但无论在什么地方，只要好好想一想到底是什么让我们害怕，你就会意识到，我们的恐惧大多是荒谬的，因为它们主要基于想象的故事。大自然确实潜藏着危险，不过引发这些危险常常是因为我们的无知和莽撞。其实，在现实生活中，很少有动物会主动攻击人类，而我们真正会遇到的动物也很少！是我们的想象力夸大了它们的危险性。

这本自然观察游戏书将带你了解地球上各种各样的动物，只有了解了它们才能更好地保护它们。

我的自然观察游戏书

动物篇·可怕的动物

[法] 弗朗索瓦·拉塞尔 ● 著
[法] 伊莎贝尔·辛姆莱尔 ● 绘
李璐凝 ● 译

上海社会科学院出版社
SHANGHAI ACADEMY OF SOCIAL SCIENCES PRESS

怕还是不怕？

害怕一种你不了解的或者想象它很危险的动物，是很正常的。恐惧是人类生存的本能——人类既没有尖牙，也没有利爪——我们不但应该对周围的环境时刻保持警惕，还要在需要逃跑时迅速做出反应！幸运的是，尽管我们的大脑会犯错，但它仍然可以判断出我们担忧的危险到底是杞人忧天，还是真实存在。

下面这些动物，哪些是原本不存在的？把它（们）圈出来吧。

毒蝰（kuí）

毒蝰个头不大，鼻子上翘，胆子极小，它们一旦察觉到有人靠近，就会逃跑或者藏起来。当你在路上散步时，你的脚步声就是在警告它们——你来啦。

尼斯湖水怪

据说，在苏格兰的一座湖泊里生活着一头被称为“尼斯湖水怪”的巨兽！不用怕，你可以安心地在湖里游泳，因为这头怪兽根本不存在——那只是一个传说！湖里只有鱼和其他一些胆小的动物。

仓鸮（xiāo）

这种猫头鹰长得很漂亮，脸是白色的，看起来像一个桃心。跟其他鸟类一样，它们的生存因缺乏食物和栖息地而受到威胁。它们的眼睛之所以那么黑，是为了夜间捕猎时可以看清猎物。它们喜欢在教堂的钟楼、敞开的谷仓以及建筑物的阁楼上筑巢。

黄边胡蜂

可怜的黄边胡蜂！黄边胡蜂和它的近亲黄脚胡蜂一样，胆子很小，只有当我们离它们的蜂巢在5米之内时，它们才会发动攻击。昆虫专家们很喜欢黄边胡蜂，因为它们可以捕食苍蝇和黄蜂。如果黄边胡蜂飞进屋里，只要关掉屋里的灯，再在屋外弄出一点亮光，它就会飞出去了。不要把果酱和肉放在外面，否则黄边胡蜂会忍不住飞过去享用的。

家隅蛛

这种小蜘蛛喜欢生活在我们的房子里。它们对人类毫无攻击性，而且根本无视我们的存在，因为它们感兴趣的是吃小昆虫，所以昆虫专家们很喜欢让它们留在家里，不去打扰它们。

大鼠耳蝠

如果你能看到这种大型蝙蝠，那真是太走运了，因为这种蝙蝠很罕见，属于濒危保护动物。它们生活在大型建筑的顶楼、高架桥下的架空层等场所。与其他蝙蝠一样，大鼠耳蝠主要以昆虫为食，是一种“天然杀虫剂”，它们也是在夜间出来活动。

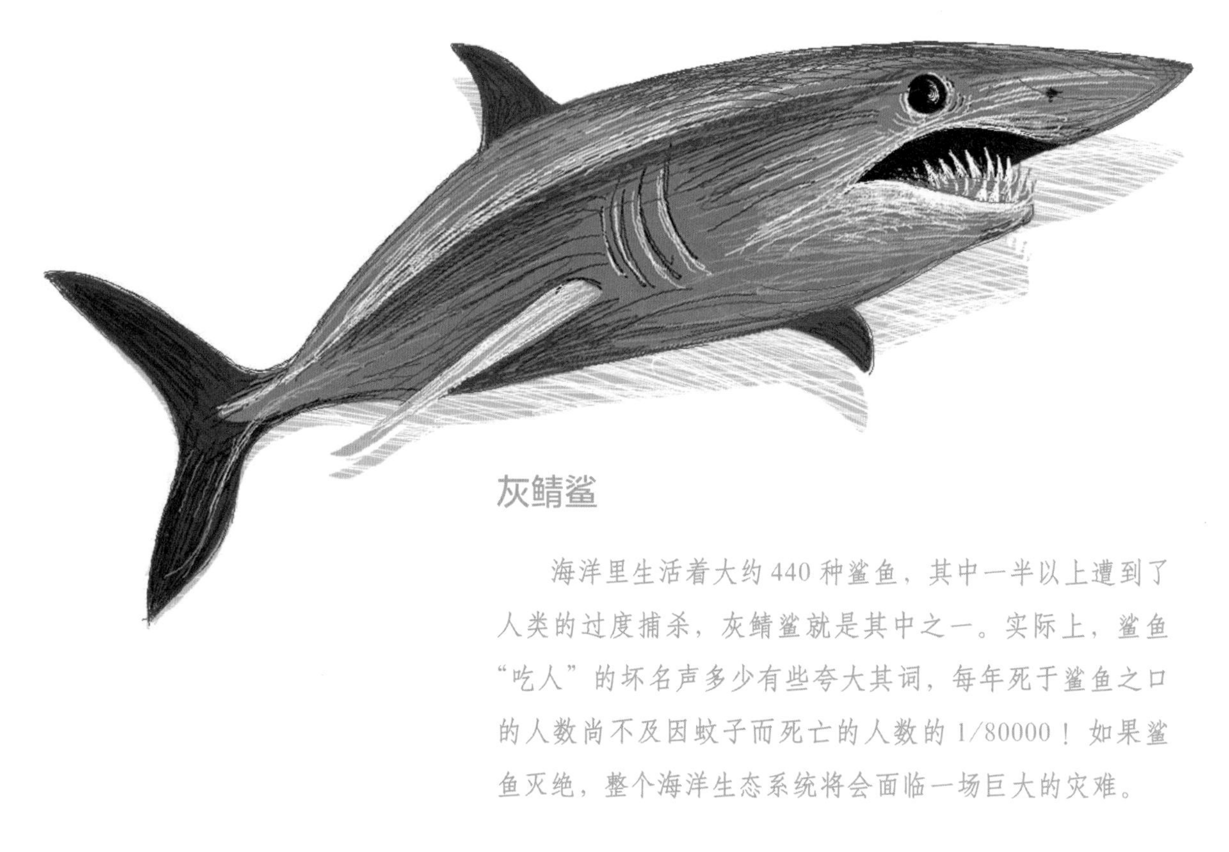

灰鲭鲨

海洋里生活着大约440种鲨鱼，其中一半以上遭到了人类的过度捕杀，灰鲭鲨就是其中之一。实际上，鲨鱼“吃人”的坏名声多少有些夸大其词，每年死于鲨鱼之口的人数尚不及因蚊子而死亡的人数的1/80000！如果鲨鱼灭绝，整个海洋生态系统将会面临一场巨大的灾难。

叉尾龙

这个世界上真的有“龙”！但并没有图上这种叉尾龙，而且它们也不会喷火。还有一种“龙”——科莫多龙，它其实是一种长得像恐龙的巨型蜥蜴。现如今，科莫多龙生活在印度尼西亚，你肯定不会在自家花园里邂逅它了。

又大又坏的狼？

以贪婪、嗜杀、凶残著称的狼，自古以来就让人类感到恐惧。比如，中世纪的人们就非常害怕狼，不过这是情有可原的！当时，自然灾害造成了严重的饥荒，无论是人类还是动物都饱受饥饿之苦，狼当然也不例外！为了饱腹，狼群冲进村庄，袭击村民……

现如今，在法国生活着大约 300 只狼。尽管在山中放牧，牧人们仍需保护他们的牛羊免遭狼群的袭击，但总的来说狼更害怕人类。日常生活中，可能会发生狗咬伤人的事件，那是因为狗原本就是一种被人类驯化了数千年的狼，面对侵入领地的陌生人或者当你惹恼它时，它的捕猎本能就会被重新唤起。

请仔细观察这两张图，猜一猜故事的名字。

塞__先__
__山__
答案：三只小猪的故事、塞甘先生的山羊

羽毛像黑夜一样的鸟

渡鸦因为长着一身乌黑发亮的羽毛，而被人们赋予了很多负面的属性，比如，厄运之鸟、魔鬼之鸟、小偷、贪婪、狂妄……今天，我们仍然能看到渡鸦，以及它的近亲秃鼻乌鸦和小嘴乌鸦。

找出图中相同颜色的圆点，把它们各自所在的区域分别涂上同一种颜色。

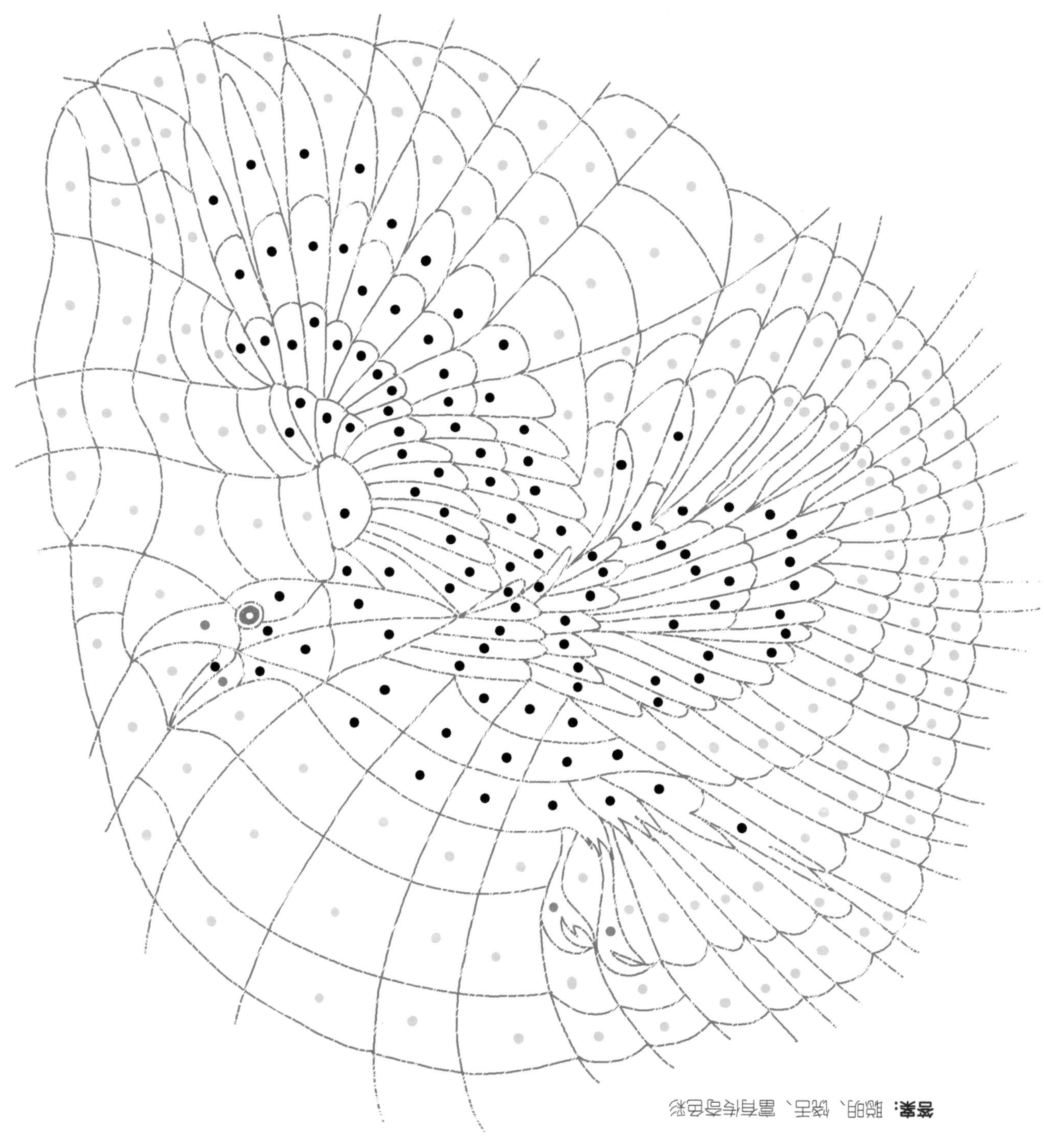

答案：聪明、贪吃、富有传奇色彩

读一读，你认为用什么词形容渡鸦最为贴切？请写在虚线上吧。

在北欧神话中，主神奥丁有两只渡鸦眼线，一只叫福金（Ugin），一只叫雾尼（Munin）。它们名字的意思分别代表“智慧”和“记忆”。福金和雾尼每天飞遍世界各地，然后把所看到的一切汇报给奥丁。

众所周知，几只渡鸦齐心协力就能用铁丝把门锁撬开。

……………………………………

渡鸦的叫声大约有60种声调，听上去很像一种语言。古罗马的预言家曾希望通过破译渡鸦的叫声或者解码它们在空中飞行的路线，来预测未来。

……………………………………

在希腊神话中，渡鸦的羽毛最初是白色的。阿波罗神为了惩罚它没有监管好仙女格露丝，把它的羽毛变成了黑色。

在宗教历史中，渡鸦被认为是一种不值得信任的动物。据记载，诺亚更偏爱白色的鸽子，对渡鸦则总是怒不可遏。

……………………………………

我们想象中的色彩

法国历史学家米歇尔·帕斯图罗研究过人类史上各种颜色被赋予的象征意义。白色具有正面的象征意义，黑色通常具有负面的象征意义。

夜行动物

夜晚，你能听到各种各样的声音，有树枝折断的声音、小动物拍打翅膀的声音，还有猫头鹰凄厉的叫声……这些声音让人感到不安，因为晚上什么都看不见，所以不免会想象出一些奇奇怪怪的动物。实际上，这些声音是那些生活在附近的动物们发出的。它们趁夜出行，因为有黑暗的掩护，更便于捕食和繁殖。

请剪下第 37 页的动物图片，并把它们贴在相应的位置上。

奇怪的翅膀

夜幕降临后，昆虫的掠食者越来越少，夜间行动的**普通伏翼**（一种常见的蝙蝠）便可以尽情地享用昆虫大餐了。伏翼的动作快速敏捷，它的翅膀不同于鸟类的翅膀，翼膜非常薄，展开后形似人的手掌。

“黑色的野兽”

欧洲野猪体型巨大，雄性野猪体重超过 100 千克！欧洲野猪用它们突出的獠牙来刨土，翻找土里的橡果、水果、昆虫和小动物的尸体来吃。

巨大的蛾子

孔雀蛾的翼展长达 20 厘米。雌性孔雀蛾常常趴在树上一动不动，等待雄性同类的到来。

大大的眼睛

雕鸮需要在安静的野外筑巢和捕猎，它们捕食的对象有野兔、幼狐等。

大型昆虫

黄昏时分，没准儿会有一只鹿角锹甲从你的头顶上飞过！不过别害怕，它们那一对令人印象深刻的大颚，只有与雄性同类打架时才会派上用场。此刻它可能是在寻找雌性同类，或是在寻找可以取食汁液的树木。

秃鹫（jiù），钩形喙（huì），脖子光秃秃

秃鹫是一种食腐猛禽，也就是说它们以动物的尸体为食。食腐猛禽非常重要，因为它们是大自然的“清道夫”。现在不允许牧人随意把动物的尸体留在草原上了，这给秃鹫觅食造成了困难。另外，高压输电线和环境污染也对它们的生存造成了威胁。

动物保护小卫士修建了一所饲养站，请你来帮助这只褐色的秃鹫找到它的小伙伴吧。

为蟾蜍开辟栖息地

蟾蜍个头不小，体表布满疙瘩，但它们没有攻击性，胆子也很小。

蟾蜍和它的近亲青蛙的数量越来越少。它们的栖息地，比如平静的水塘和野生的池塘正在逐渐消失，它们最喜欢的食物——昆虫也在消失！**你来给它们搭个窝吧。**

材料

- 一片废弃的脊瓦
- 几块石头和木块，或其他可以藏身的敞口小容器，口宽大约为10~12厘米，比如，一个倒扣的花盆就可以，但要在盆上开一个小口。

1. 把瓦片放到篱笆或者墙壁的阴影处，只要是一个潮湿的地方就可以。

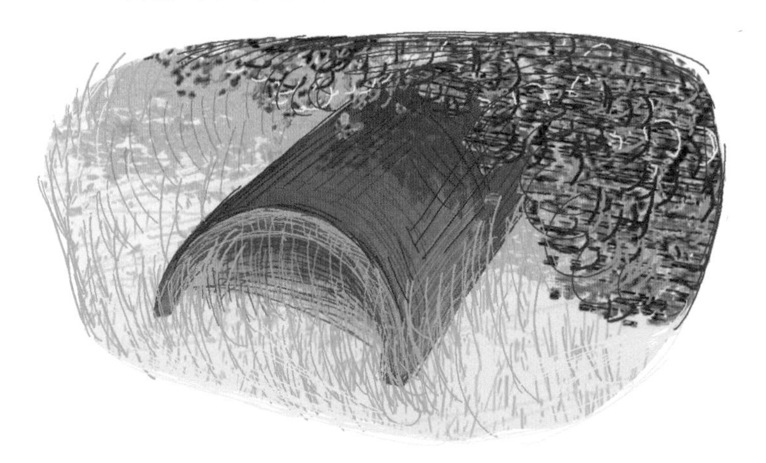

2. 用一块石头或者木块堵住脊瓦一端的开口，在瓦片里面的地上垫一点儿泥土（也可以找一些沙质土壤）和枯树叶。

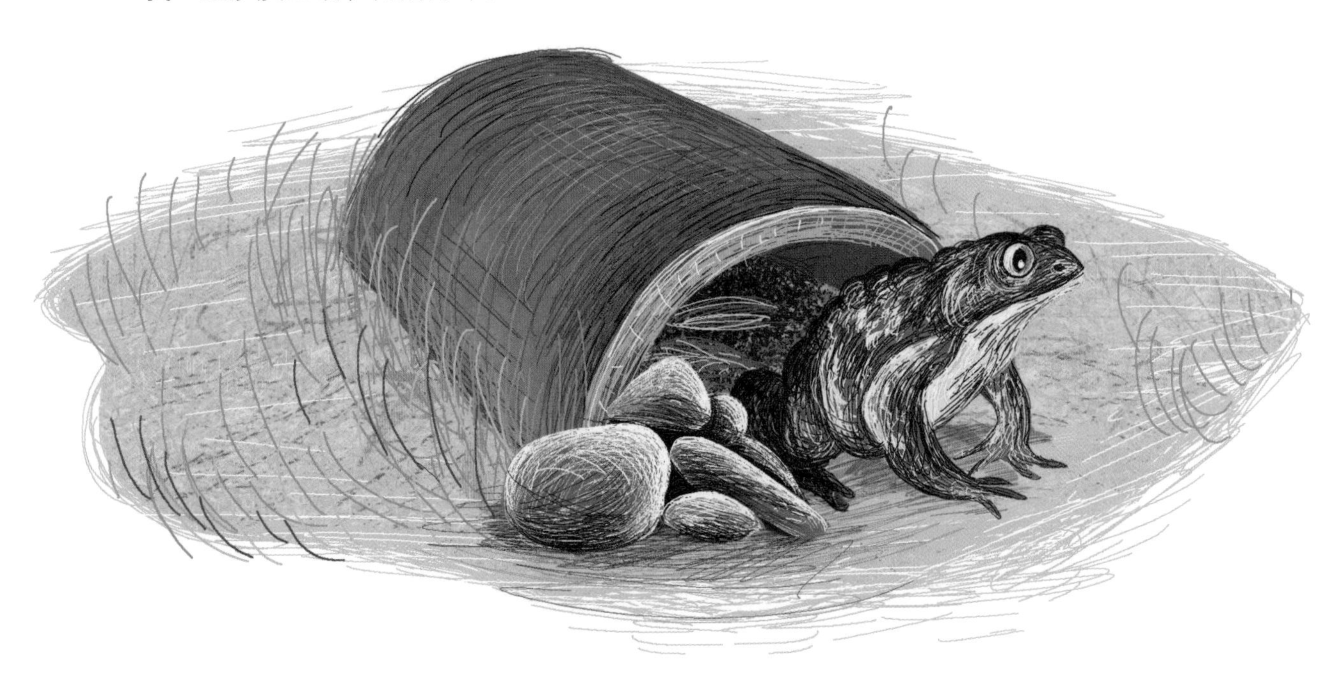

3. 用一些石头和木块，把瓦片另一端的开口堵住一部分，只留下一个供蟾蜍进出的小口（大约10~15厘米宽）。

所有的蛇都有毒吗？

在地面上，你可能会碰到蝰蛇或者其他游蛇。如果不小心惹到蝰蛇，你可能会被它咬一口，不过这种情况很罕见！想要区分没有攻击性的游蛇和偶尔会咬人的毒蝰蛇，其实很容易。

请剪下第 39 页的动物头像，再根据描述把它们贴在相应的位置上。

蜘蛛吃什么？

你可能觉得蜘蛛很可怕，认为它们会跳到你身上咬你……如果你这样想，可就错了！

请划掉下面错误的答案。

雌性家隅蛛吃什么呢？

它们生活在什么地方呢？

仔细观察，就不会害怕啦

蜘蛛到底长什么样?

请剪下第 39 页蜘蛛身体的各个部位图，然后把它们分别贴在正确的位置。

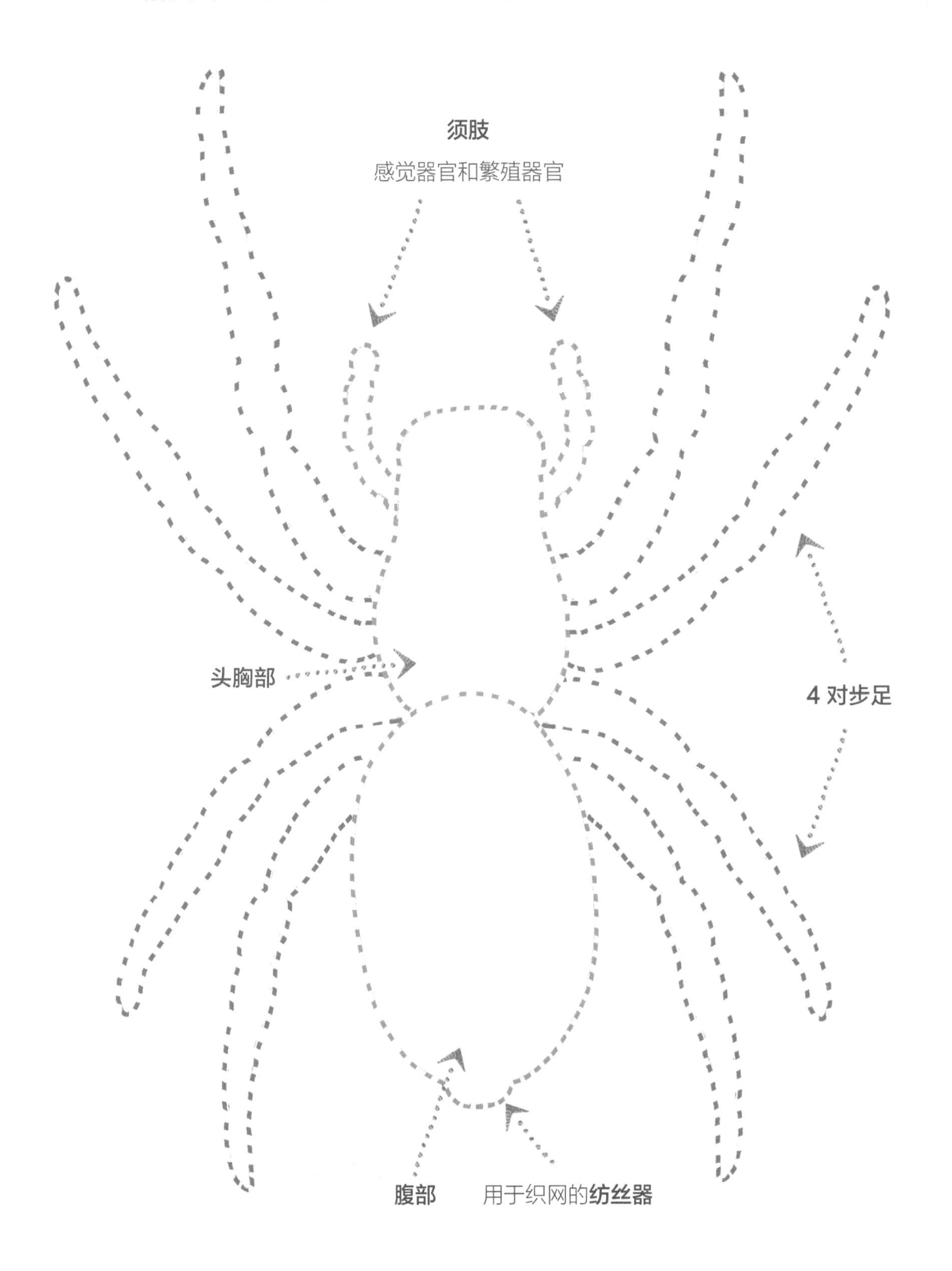

画一只横纹金蛛

按照图中的步骤来画一只横纹金蛛吧。花点时间仔细看一看下面的横纹金蛛。慢慢地你会发现这些长得花里胡哨的“纺织工”其实没有那么可怕，而且越看越有趣。

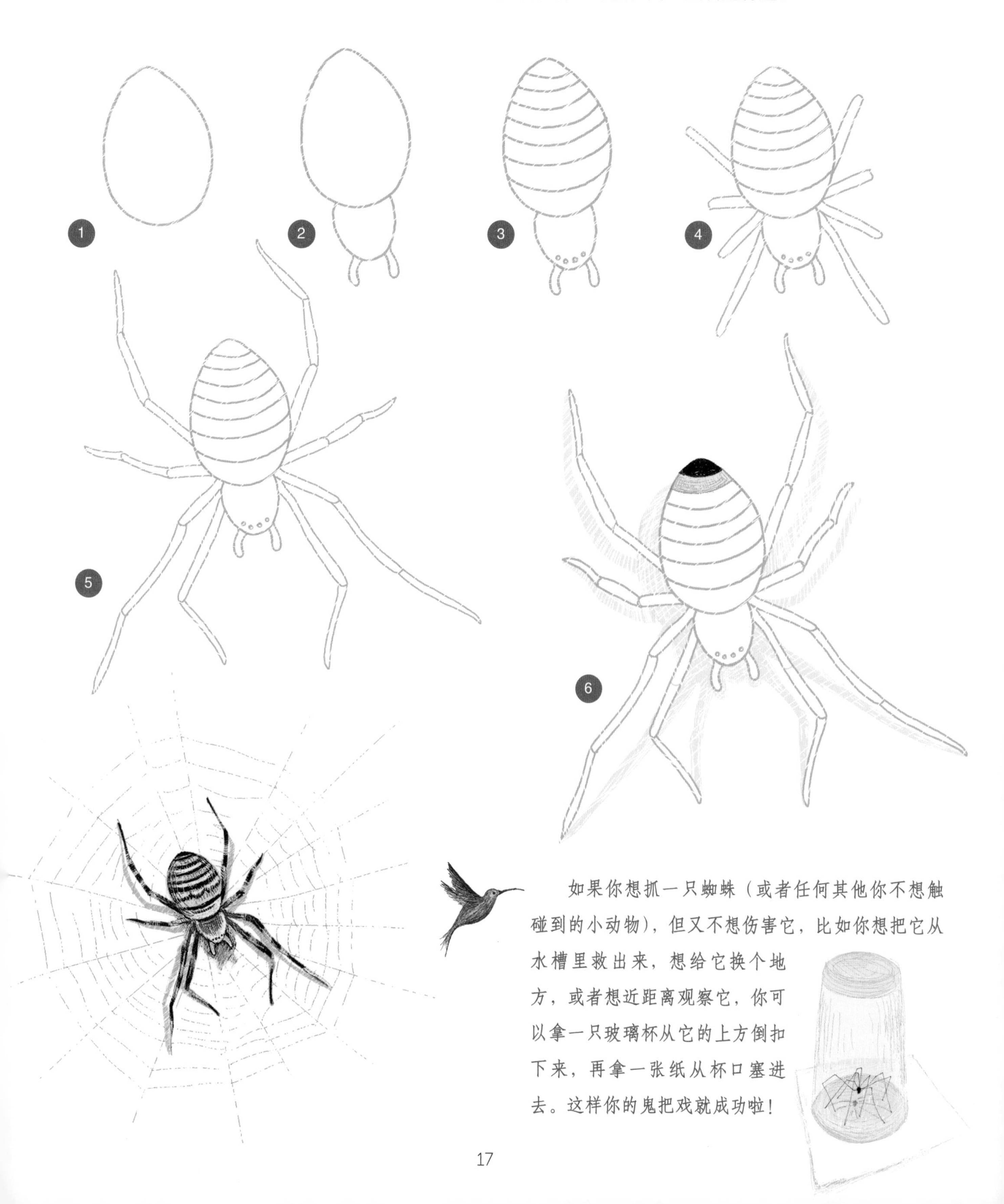

如果你想抓一只蜘蛛（或者任何其他你不想触碰到的小动物），但又不想伤害它，比如你想把它从水槽里救出来，想给它换个地方，或者想近距离观察它，你可以拿一只玻璃杯从它的上方倒扣下来，再拿一张纸从杯口塞进去。这样你的鬼把戏就成功啦！

个头不大却很可怕

那些吸血昆虫是名副其实的“吸血鬼”！有些吸血昆虫还会把疾病传染给人类。好在我们可以采用一些简单的办法来防止被它们叮咬，比如：挂蚊帐，穿长衣长裤，在周围喷洒或者在皮肤上涂抹薰衣草或具有柠檬香味的植物精油。还要记住，不要把装满水的酒杯或者罐子放在室外，因为吸血昆虫会在那里产卵。

这些小“吸血鬼”们特别喜欢在吸饱血后到炎热或潮湿的地方产卵。在下图中，圈出 6 处这样的地方。

臭虫

猫跳蚤

硬蜱

答案：牲畜饮水槽，水塘，有水的水桶，肥料堆，床垫，猫砂盆。

毛毛虫

毛毛虫是尚未蜕变的蝴蝶或蛾的幼虫。它们一般藏在树叶的下面，以树叶为食。

猜一猜下面的这几只毛毛虫会变成哪种蝴蝶或蛾？把它们连起来吧。

答案：1-d，2-c，3-b，4-a

黑带二尾舟蛾
孔雀蛱蝶
象鹰蛾
豹灯蛾
a
b
c
d

魔鬼般的小虫子！

大自然里的许多动物很会耍花招。为了能在充满天敌的世界里生存，昆虫们将自己巧妙地伪装起来。人们压根不害怕这些小虫子，但还是给它们起了吓人的名字。

请剪下第 35 页的昆虫名称标签，并把它们贴在相应的位置上。

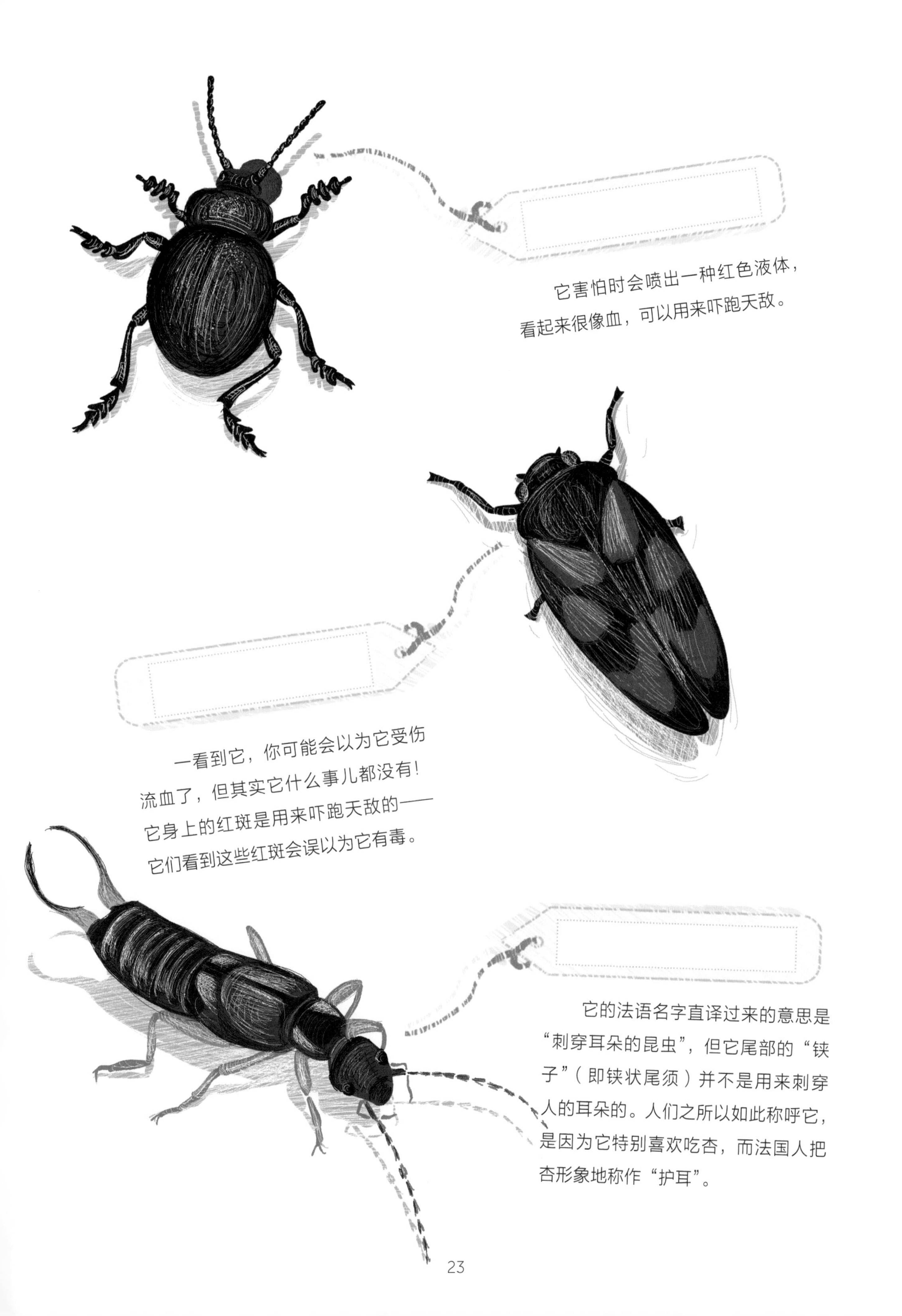

它害怕时会喷出一种红色液体，看起来很像血，可以用来吓跑天敌。

一看到它，你可能会以为它受伤流血了，但其实它什么事儿都没有！它身上的红斑是用来吓跑天敌的——它们看到这些红斑会误以为它有毒。

它的法语名字直译过来的意思是“刺穿耳朵的昆虫”，但它尾部的“铗子”（即铗状尾须）并不是用来刺穿人的耳朵的。人们之所以如此称呼它，是因为它特别喜欢吃杏，而法国人把杏形象地称作“护耳”。

当它收起翅膀时，会呈现一只眼睛和一个鹰嘴鼻的形象，看上去有点儿像魔鬼的头。

当遭到攻击，甚至已经被天敌吞下去的时候，这种甲虫会喷射出一股有毒气体，同时发出一声轻微的“爆炸声”，这样天敌就会被吓跑，或者把它吐出来。这种甲虫只有指甲盖那么大，所以你肯定不用害怕它发出的“爆炸声”啦。

找一找、查一查

找一簇花丛，利用 20 分钟的时间，把曾在那里停留过的所有小动物都拍下来，然后去查一查它们都是什么动物。这样一来，你就能更深入地了解这些授粉昆虫啦。

小动物不会吃大动物

身披甲壳，长着上颚、上颌骨、触角以及其他管状器官的昆虫，不可避免地会让人以为它们好像来自另外一个星球。生物进化赋予了每一种生物独特的感觉器官、捕食和繁殖方式。

请剪下第 33 页的特写图片，并把它们贴在相应的位置上。

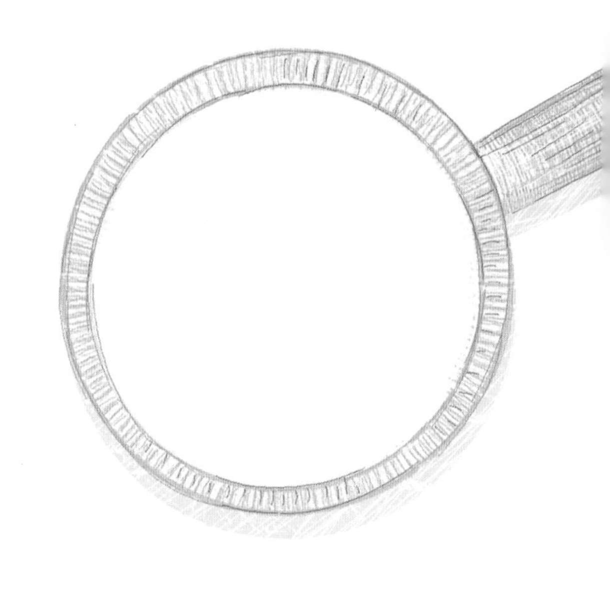

家天牛和鳃角金龟

雄性家天牛和鳃角金龟都拥有不可思议的触角，用来感知雌性同类和食物。

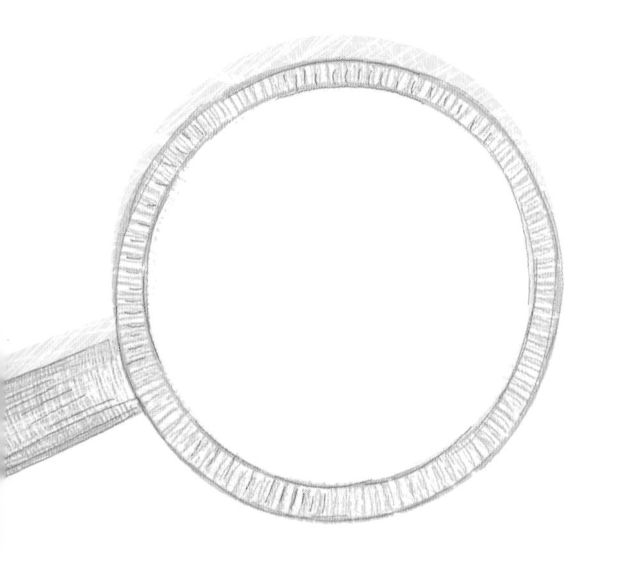

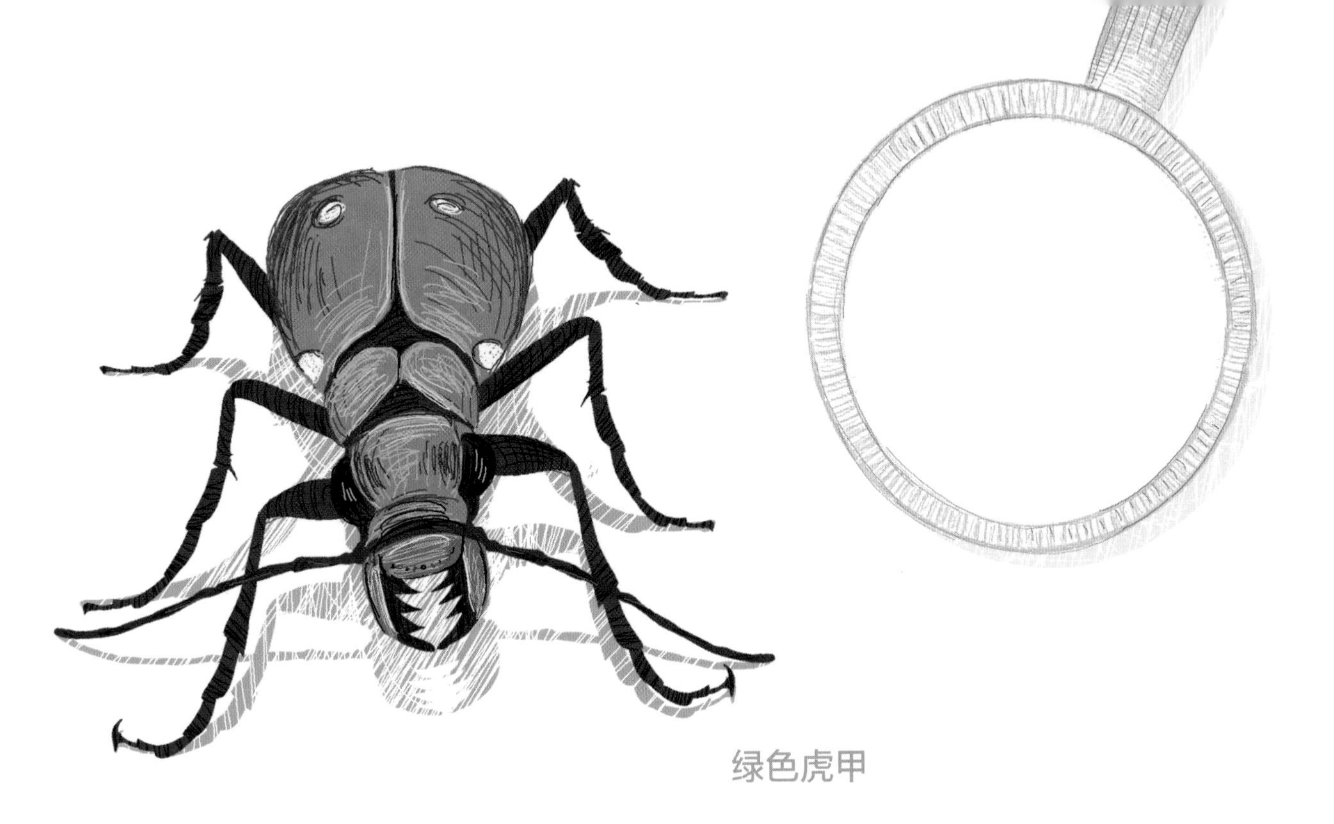

绿色虎甲

在动物王国中，绿色虎甲的下颚是最令人印象深刻的。它奔跑的速度非常快，胆子又非常小，所以你可能不会见到它们。

蜻蜓

蜻蜓长着一个多么古怪的脑袋啊！它能看到什么呢？某些种类的蜻蜓长有大约30000只小眼睛，这些小眼睛全都集中在两只复眼上。蜻蜓的视力极好，它有点儿像置身于一个万花筒中，能够看到许多图像。

螳螂

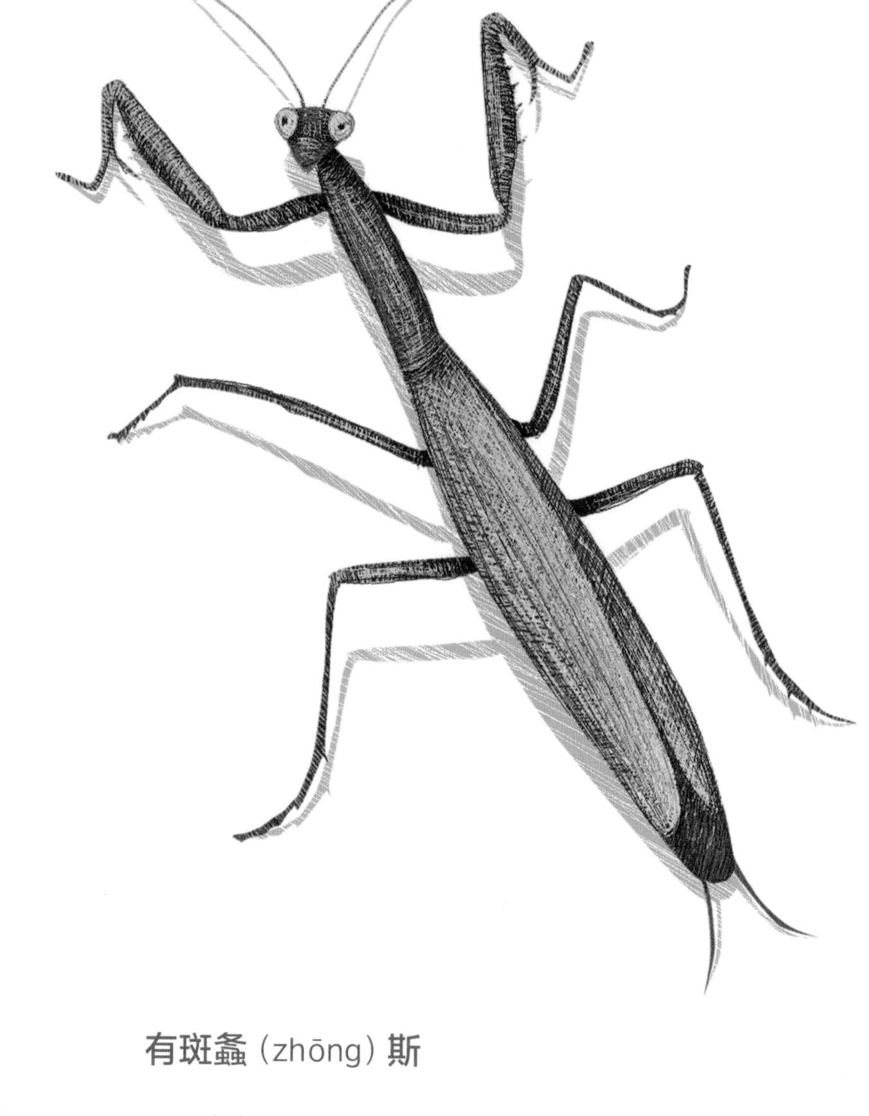

螳螂把它前足的胫节（第一节）向腿节（第二节）收拢，就能一下子把昆虫抓住。

有斑螽（zhōng）斯

雌性有斑螽斯身体尾部的这把“刀”可不是刀，而是产卵管。雄性有斑螽斯的生殖器官也长在身体的尾部。

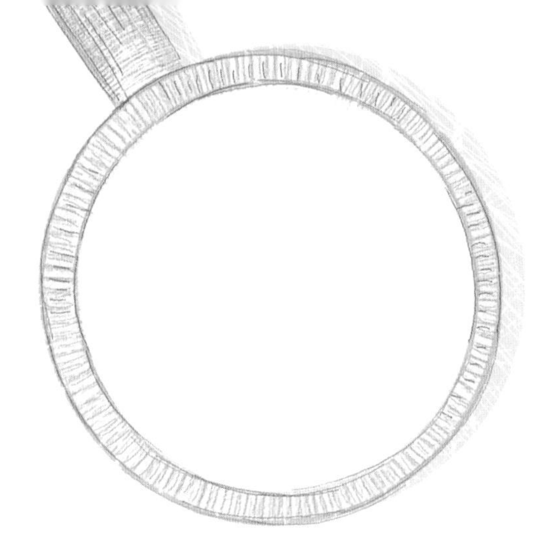

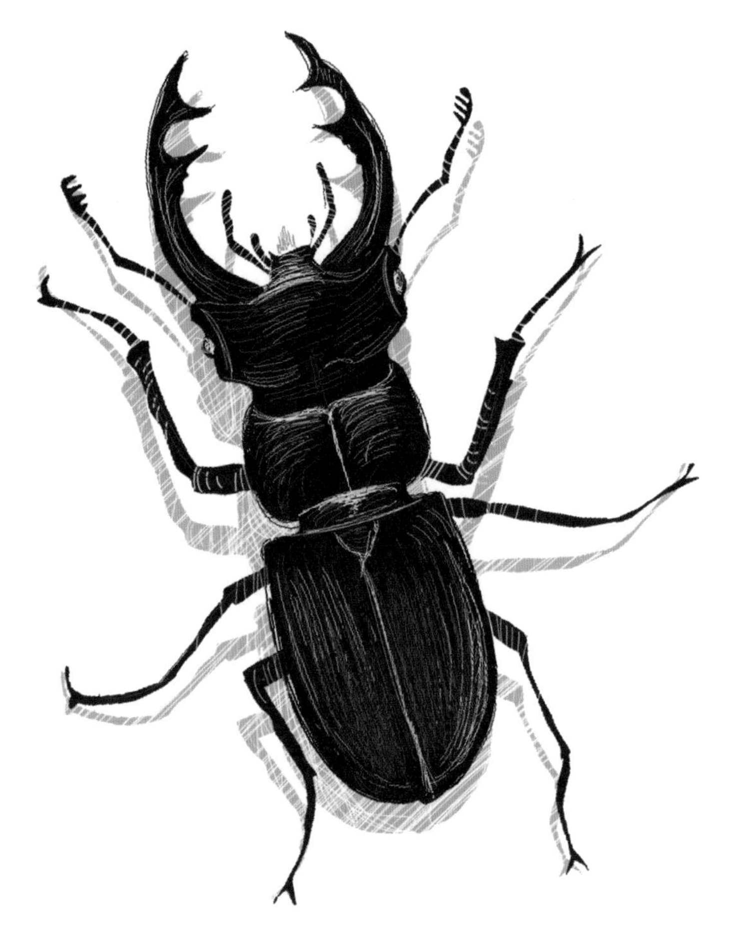

鹿角锹甲

这种甲虫的大颚很可怕！只有雄性鹿角锹甲才有这样的大颚。它们的大颚在与其他雄性同类打斗、与雌性同类交尾或者在敌人靠近的时候会派上用场。人们称它为“会飞的鹿”，因为它的大颚看起来很像鹿角。雌性鹿角锹甲也被称为“小母鹿”。它的鞘翅，也就是翅膀，或黑或棕，总是闪闪发亮。

欧洲黄尾蝎

位于欧洲黄尾蝎口器前方的螯是用来捕捉猎物的，尤其是昆虫！位于尾巴末端的蜇针是用来捕猎和与雄性同类打斗的。它的毒液本身对人体无致命危险，但如果你不小心被它蜇了，很可能会出现过敏反应（有一些过敏反应是致命的）。欧洲黄尾蝎怕人，如果你碰见它，给它点时间，它自己就会逃走啦！

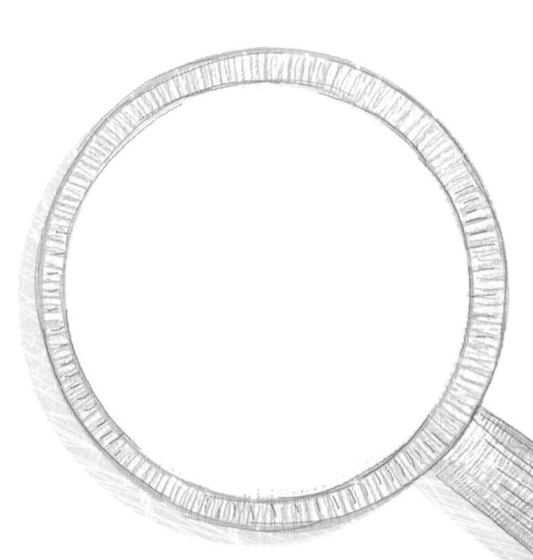

藏在大海深处的扁鲨

大海的深处藏着一种鱼，人们把它称为“海洋天使”，因为……它们没有攻击性。

请把下面的数字按顺序连起来，看看它到底长什么样吧。

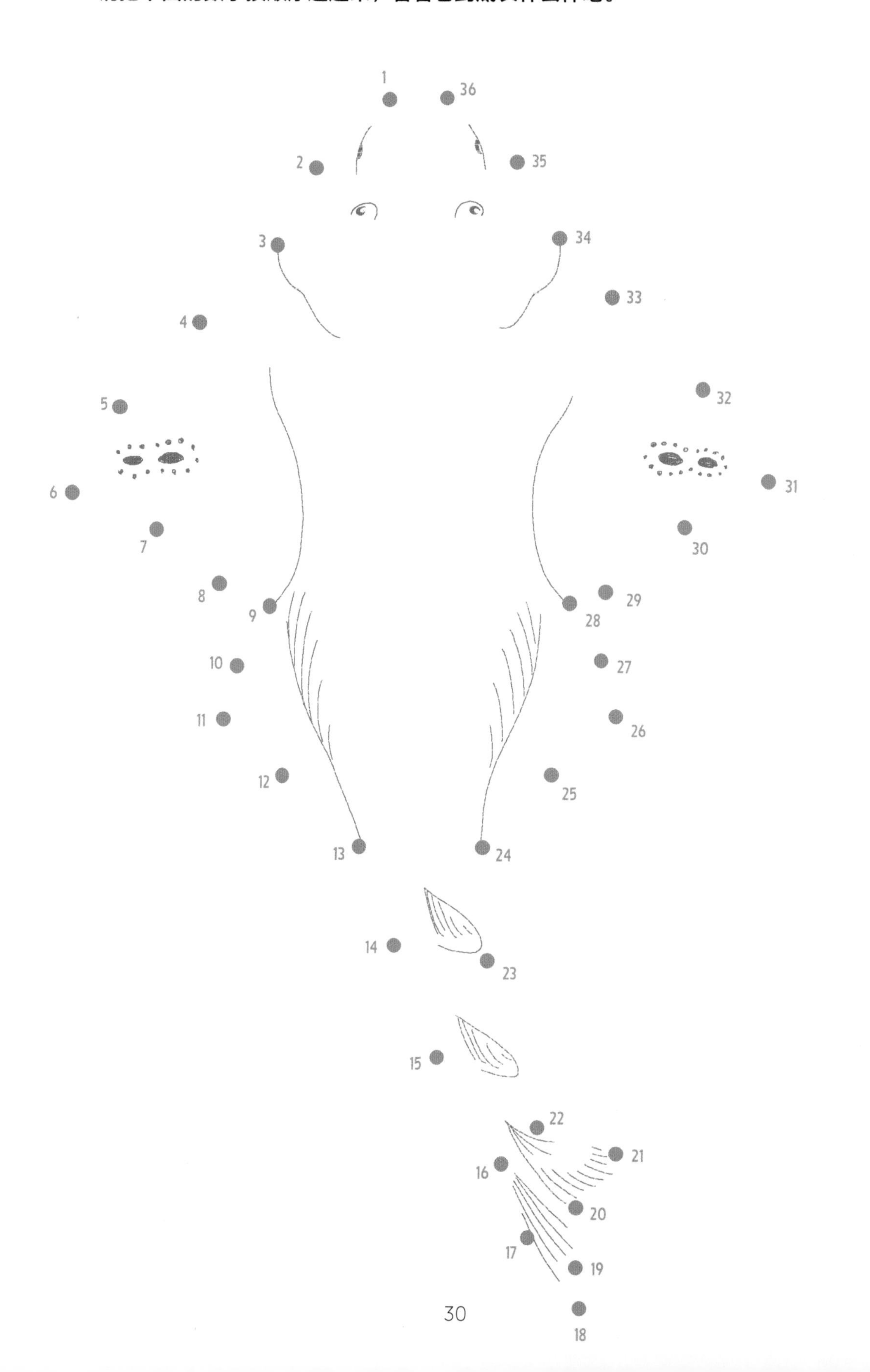

水中的生命

很多动物生活在河流中。如果你涉水过河，会碰到哪些动物呢？可能什么动物也碰不到，因为它们一旦发现你靠近，就快速跑掉啦。

请剪下第 35 页的动物图片，把生活在水中的动物贴在这里。注意，在剪下来的这些图片里，有两种动物并不是生活在水中的哟。

请在这一页上画出你最害怕的动物，然后把你自己画在它的旁边吧。

第 26~29 页的图片

请沿虚线裁切

第 22~25 页的图片

茶翅蝽

赭带鬼脸天蛾

长尾管蚜蝇

血鼻甲虫

灰袋枯叶蛾的幼虫

沫蝉

球螋

放屁虫

白钩蛱蝶

第 31 页的图片

水黾

水母

螯虾

环颈蛇

大蓝蜻蜓

鲨鱼

请沿虚线裁切

第 10~11 页的图片

请沿虚线裁切

第 16 页的图片

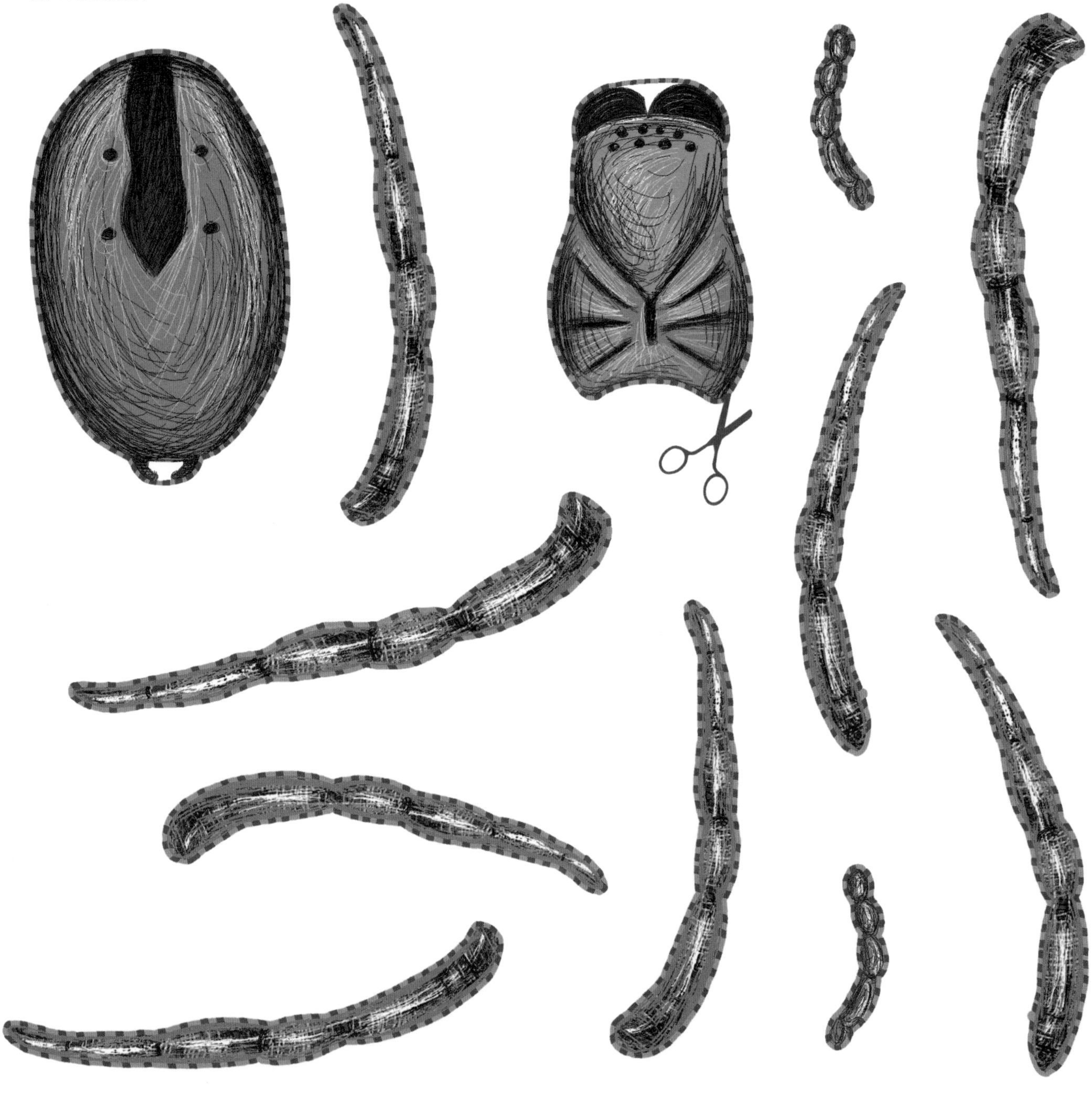

第 14 页的图片

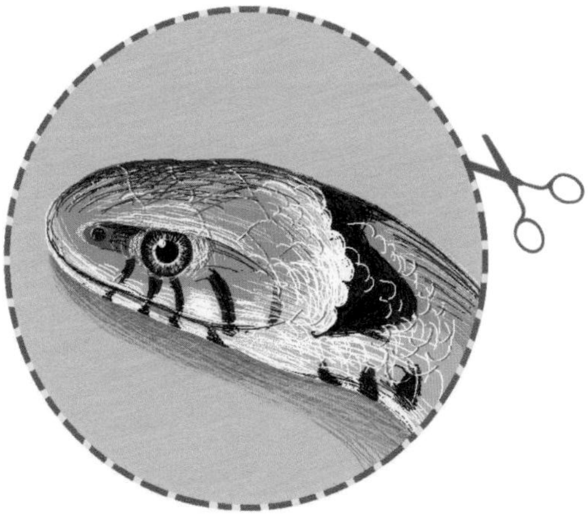

请沿虚线裁切

拍下或画出你现在不再害怕的动物，告诉我们你是在哪里遇到它的。

期待你把自己的想法和摄影作品、绘画作品分享给我们！请扫描二维码，收听本书的音频专辑，在专辑里点击“留言”就可以上传啦！

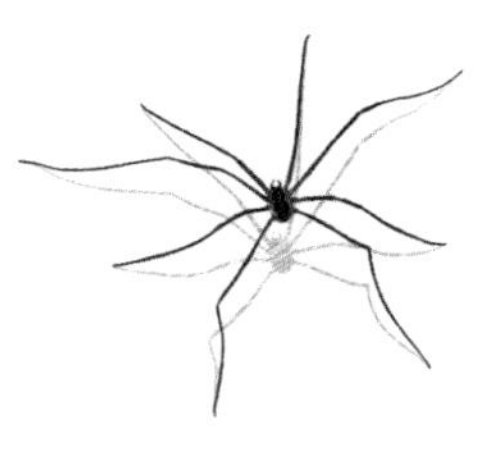

图书在版编目（CIP）数据

我的自然观察游戏书．动物篇：《昆虫》《鸟儿》《可怕的动物》/（法）弗朗索瓦·拉塞尔，（法）伊芙·赫尔曼著；李璐凝译；（法）伊莎贝尔·辛姆莱尔，（意）罗贝塔·罗基绘．—上海：上海社会科学院出版社，2020

ISBN 978-7-5520-3386-1

Ⅰ．①我… Ⅱ．①弗… ②伊… ③李… ④伊… ⑤罗…
Ⅲ．①自然科学—少儿读物 Ⅳ．① N49

中国版本图书馆 CIP 数据核字（2020）第 234964 号

我的自然观察游戏书（动物篇）：昆虫　鸟儿　可怕的动物

著　　者：〔法〕弗朗索瓦·拉塞尔　〔法〕伊芙·赫尔曼
绘　　者：〔法〕伊莎贝尔·辛姆莱尔　〔意〕罗贝塔·罗基
译　　者：李璐凝
责任编辑：赵秋蕙
特约编辑：晋西影
封面设计：田　晗
出版发行：上海社会科学院出版社
上海市顺昌路 622 号　邮编 200025
电话总机 021-63315947　销售热线 021-53063735
http://www.sassp.cn　E-mail: sassp@sassp.cn
印　　刷：鹤山雅图仕印刷有限公司
开　　本：889 毫米 × 1194 毫米　1/16
印　　张：8.25
字　　数：48 千字
版　　次：2021 年 2 月第 1 版　2021 年 2 月第 1 次印刷
审 图 号：GS（2020）6714 号

ISBN 978-7-5520-3386-1/N · 007　　定价：119.80 元（全三册）